CONFÉRENCES SCIENTIFIQUES ET LITTÉRAIRES

DE LA VILLE DE RODEZ.

4e CONFÉRENCE. — 18 JANVIER 1867.

HISTOIRE

DES ABEILLES

LEURS HABITUDES

LEURS MOEURS, LEURS TRAVAUX

Par P. HOLLIER

Chef du cabinet du Préfet de l'Aveyron.

RODEZ

IMPRIMERIE DE N. RATERY, RUE DE L'EMBERGUE, 21.

1867

CONFÉRENCES SCIENTIFIQUES ET LITTÉRAIRES
DE LA VILLE DE RODEZ.

4e Conférence. — 18 janvier 1867.

MESDAMES, MESSIEURS,

Il existe dans toutes les classes de la société, sans en excepter celles qui sont regardées comme les plus instruites, un préjugé qui fait considérer tous les insectes comme des animaux immondes, malfaisants ou dangereux ; on ne s'en occupe que pour les écraser.

J'ai cherché en vain l'origine de ce préjugé qui a causé et qui cause chaque jour la mort de tant d'animaux utiles. J'ai pensé que, de quelque part qu'il vînt, il importait de le détruire, et que, pour arriver à ce but, le meilleur moyen était de faire connaître les mœurs, les habitudes, les travaux, l'utilité pour l'homme, de ces êtres si méprisés et cependant si dignes d'attention.

J'ai commencé mon travail par l'un des insectes non pas les plus connus, mais les plus communs, par l'abeille que chacun a pu voir, que peu ont étudiée comme elle le mérite, et dont l'histoire offre la réunion des faits les plus extraordinaires du monde des insectes.

Les abeilles se divisent en deux groupes principaux,

les abeilles solitaires, c'est-à-dire qui vivent seules et ne se réunissent jamais, telles que les abeilles maçonnes et les abeilles perce-bois, et les abeilles qui vivent en société, c'est-à-dire qui se rassemblent pour construire leurs nids, pour amasser des provisions, pour élever leur progéniture et pour se défendre contre leurs ennemis. C'est de celles-ci seulement que nous nous occuperons.

De tout temps, les abeilles ont joui d'une grande réputation. Les Grecs, auxquels aucune des poésies de la nature n'a échappé, leur ont réservé une place dans la Mythologie ; voici ce qu'ils contaient à ce sujet :

Suivant un arrêt du Destin, Saturne ne pouvait être détrôné que par un de ses fils ; jusque-là il devait conserver l'empire du Monde. Pour éviter de perdre la souveraineté, Saturne résolut de tuer tous les enfants mâles qui lui naîtraient et afin d'être plus certain de leur mort, de les manger. Il en avait déjà dévoré plusieurs lorsque naquit Jupiter. La mère de ce dernier, Ops ou Rhéa, touchée de sa beauté, voulut le sauver malgré le destin qui menaçait Saturne. Elle fit transporter son fils sur le mont Ida et le cacha dans l'antre de Dicté. Là, Jupiter fut nourri par la chèvre Amalthée et par des essaims d'abeilles qui venaient chaque jour lui apporter leur miel. Lorsque Jupiter eut grandi et que, suivant la prédiction, il eut détrôné son père, il se souvint des soins qu'il avait reçus dans son enfance. Il récompensa la chèvre Amalthée en la plaçant au rang des astres, et les abeilles, en leur donnant, suivant l'expression de Virgile, « une parcelle de l'intelligence divine. » *(Partem divinæ mentis et haustus æthereos dixere.)*

Aristote, l'un des plus puissants génies qui aient jamais existé, a laissé de précieuses observations sur les abeilles. Il avait même conçu pour elles une si grande admiration, qu'il les cite comme des êtres ayant quelque chose de divin, *théionn ékousinn*. Après lui, Columelle leur a consacré de longues années. Virgile et Shakespeare les ont chantées dans des poèmes immortels; Swamerdam en a fait l'anatomie ; enfin, Réaumur et Hubert, de Genève, les ont observées avec un soin et une patience qui ne peuvent être dépassés.

Dans les traités d'entomologie, les abeilles sont désignées sous les noms d'*hymenoptères mellifiques sociaux*. J'ignore pour quels motifs les savants ont baptisé ces pauvres insectes de noms aussi barbares. Ils sont d'autant moins excusables dans cette circonstance qu'ils avaient sous la main un nom tout fait, le nom populaire, infiniment préférable parce qu'il est plus expressif, celui de mouches à miel. Mais l'horreur de la simplicité est un défaut commun même parmi les savants.

Je ne pourrais entrer, sans fatiguer votre attention, dans tous les développements que comporte mon sujet. Je me bornerai à l'examen rapide des faits principaux, de ceux qui m'ont paru les plus intéressants.

Tout le monde sait à peu près ce que c'est qu'une ruche ; tout le monde sait aussi, je le suppose, que lorsque les habitants en sont devenus trop nombreux, une partie d'entre eux la quitte et va fonder ailleurs une nouvelle colonie.

On appelle ruche-mère la ruche primitive ; on désigne sous le nom d'essaim le groupe d'abeilles qui s'en sépare.

Nous allons prendre un essaim à sa sortie de la ruche-mère, le suivre dans la nouvelle demeure qu'il choisira, assister à ses travaux jusqu'au moment où devenu, à son tour, trop nombreux, il donnera lui-même naissance à un essaim, ou, pour employer l'expression consacrée, *il jettera un essaim*.

Nous parcourrons ainsi le cercle entier de la vie des abeilles ; nous verrons comment elles nourrissent leur progéniture, comment se récolte le miel, comment se produit la cire, comment se construisent les cellules et nous pourrons en déduire des règles certaines pour les multiplier et en retirer le plus grand produit possible.

Pour bien faire comprendre les travaux des abeilles, je dois entrer dans quelques détails sur la nature et la conformation de ces insectes.

L'abeille est une mouche à quatre ailes ; ses pattes sont au nombre de six.

Ainsi que le montre la figure agrandie que j'ai dessinée, d'après nature, aussi exactement qu'il m'a été possible, elle est comme divisée en trois parties : la tête ; — le corps, corselet ou thorax ; — l'abdomen.

La tête est surmontée de deux organes filiformes, c'est-à-dire en forme de fils, qu'on nomme *antennes* ; ces antennes sont composées de parties très-petites à peu près cylindriques et articulées les unes sur les autres ; elles sont très-mobiles et presque toujours en mouvement.

Leur usage n'est pas encore connu. Quelques auteurs prétendent qu'elles sont l'organe de l'ouïe ; d'autres les regardent comme l'organe du toucher ou celui de l'odorat. Un naturaliste célèbre prétend que c'est à l'aide de leurs antennes que les abeilles et les fourmis se communiquent leurs impressions ; que le mouvement des antennes constitue leur langage qui serait alors analogue à celui dont se servent les sourds-muets ; d'autres, enfin, assurent qu'elles sont l'organe d'un sens dont nous ne pouvons juger parce que nous ne le possédons pas.

Ce qu'il y a de certain, c'est que ces organes sont des plus essentiels à la vie de l'insecte. En effet, si on coupe les antennes d'une abeille, elle perd complètement la faculté de se conduire et même de se nourrir ; elle ne touche pas au miel qu'on lui offre bien qu'on l'ait gardée longtemps sans aliment ; elle ne peut plus regagner sa ruche.

Les phénomènes qu'elle présente alors sont les mêmes que ceux qu'offrent les animaux dont le cervelet est paralysé ; elle ne peut plus coordonner ses mouvements ; elle est dans la situation où se trouvaient les animaux sur lesquels M. Flourens a fait ses curieuses observations ; dans la situation où se trouve un homme ivre, car l'ivresse ne paraît être qu'une paralysie momentanée du cervelet. Les antennes peuvent donc être considérées comme un prolongement du cervelet.

Les yeux placés de chaque côté de la tête et en dehors forment deux groupes assez considérables proportionnellement à la grandeur de l'insecte. En les examinant au microscope, on découvre que ce qui avait l'apparence d'un œil unique est une réunion, un assemblage d'yeux en nombre infini. Il est presque impossible de les compter, en raison de leur petitesse ;

on les évalue à plusieurs milliers ; ils ne sont pas mobiles comme les nôtres, ils sont fixes.

On peut se demander à quoi sert un nombre d'yeux aussi prodigieux.

On doit remarquer, à ce sujet, que le cou de l'abeille est extrêmement court (il est à peine visible) ; il ne peut pas s'allonger ; il ne lui est guère possible de s'infléchir ou de se courber.

La tête ne peut donc presque pas se mouvoir. Si l'abeille n'avait eu que deux yeux, elle n'aurait pu voir qu'un espace très-restreint devant elle, car il faut considérer que sur une surface aussi petite qu'une fraction de tête d'abeille, une grande étendue de terrain ne peut venir se peindre.

D'un autre côté, l'abeille a de nombreux ennemis ; si elle vole les oiseaux insectivores lui font une guerre continuelle ; les hirondelles, les fauvettes, les rossignols, les mésanges, les pinsons, les rouge-gorge et même les moineaux s'en montrent très-friands ; si elle se repose, si elle marche ou si elle rase la terre ou le bord des eaux, elle doit éviter les piéges ou les attaques des guêpes, des frelons, des libellules, des araignées, des couleuvres, des serpents, des lézards et même de certains poissons tels que la truite et le brochet qui sautent hors de l'eau pour s'en emparer. Il faut donc qu'elle soit sans cesse sur ses gardes et que, de même que le danger l'environne de tous côtés, elle puisse de tous côtés le voir venir.

En outre, les abeilles s'éloignent souvent beaucoup de leurs ruches. A la fin de l'automne, alors que les fleurs sont devenues rares et qu'il ne reste plus guère que les campanules et la bruyère qui puissent leur fournir quelque peu de miel, elles vont butiner jusqu'à trois lieues de distance.

Pour reconnaître un si long chemin qu'elles n'ont parcouru souvent qu'une fois, pour découvrir sous les buissons, à la lisière des bois, dans des touffes d'herbes, les fleurs souvent très-petites sur lesquelles elles vont faire leur récolte, elles ont besoin d'avoir l'organe de la vue plus développé et plus parfait que celui de la plupart des animaux.

Entre les deux masses principales d'yeux dont je viens de parler se trouvent encore trois petits yeux disposés en triangle, ainsi que je l'ai indiqué.

On s'est assuré, en couvrant d'une couche d'un vernis opaque soit les masses d'yeux latérales, soit les yeux placés en triangle, que ces organes sont tous indispensables à l'abeille qui, lorsqu'elle est privée des uns ou des autres, ne peut plus retrouver le chemin de sa ruche.

Il existe un moyen singulier de prendre des corbeaux. On place un appât au fond d'un cornet de papier gris intérieurement enduit de glu. Le corbeau qui introduit son bec et une partie de sa tête dans le cornet ne peut plus l'en retirer ; le papier s'applique sur ses yeux et l'empêche de voir. Il n'a pas l'instinct de se débarrasser avec ses pattes de ce qui l'aveugle ; il prend son vol et s'élève perpendiculairement jusqu'à ce que la fatigue le force à redescendre ; on le prend alors aisément.

Dans des circonstances analogues, les abeilles se conduisent de même : lorsqu'on en a aveuglé plusieurs en leur couvrant les yeux d'une couche de noir de fumée, elles s'élèvent perpendiculairement comme les corbeaux; il est probable qu'elles ne tardent pas à retomber, mais leur vivacité et leur petitesse n'ont pas permis de s'en assurer.

A la partie inférieure de la tête se trouvent deux dents longues et larges ; ce sont les instruments avec lesquels les abeilles construisent leurs cellules, ouvrages délicats dont nous verrons, plus tard, la forme savante et l'assemblage singulier.

Ces dents recouvrent la bouche.

Au-dessous se trouve la trompe ou plutôt la langue ; elle est cylindrique et égale presque le quart de la longueur totale de l'abeille ; c'est à peu près comme si notre langue nous pendait jusqu'à la ceinture. Elle ne pouvait être contenue dans la bouche qui est fort petite ; mais, comme un organe aussi délicat aurait été continuellement exposé à des blessures ou à des accidents si rien ne l'avait protégé, il a été renfermé dans un étui, fait de quatre pièces écailleuses, qui s'ouvre dans le sens de sa longueur et qui s'applique sous le corps de l'abeille. La langue y est pliée en deux et à l'abri de tout danger.

Le corps, thorax ou corselet, est court et robuste ; les quatre ailes et les pattes y sont attachées ; il contient presque tout l'appareil nerveux qui, dans les quadrupèdes, les oiseaux, etc., est placé dans la tête. De là vient qu'il suffit d'une pression relativement légère sur le corselet pour tuer un insecte, tandis qu'il peut vivre encore plusieurs jours lorsque, en laissant le corselet intact, on le prive de l'abdomen et même de la tête.

L'abdomen contient un double estomac dont la première partie sert à l'élaboration du miel ; la seconde partie remplit les fonctions ordinaires de l'estomac ; à la suite se trouvent les autres organes de la digestion, ceux de secrétion de la cire et, enfin, l'aiguillon.

L'aiguillon est une arme meurtrière, dentelée et empoisonnée comme les flèches des sauvages. Il est composé de deux pièces mobiles l'une sur l'autre, et entre lesquelles se trouve une rainure qui laisse écouler, à la volonté de l'insecte, un poison violent. C'est ce poison qui rend si vives les douleurs causées par les piqûres d'abeilles.

Je dois dire un mot des organes qui font l'office de poumons.

Dans les quadrupèdes, comme chez les oiseaux et dans l'homme, le sang a besoin, pour entretenir la vie, d'être vivifié continuellement et comme renouvelé par le contact de l'air qui lui abandonne son oxygène et se charge, en retour, d'acide carbonique. Ce sont les poumons qui remplissent cette fonction essentielle ; le sang s'y rend de toutes les parties du corps ; là, il est divisé dans des canaux infiniment petits et exposé à l'air que nous aspirons ; lorsque le sang a été imprégné d'oxygène, il se rend de nouveau aux extrémités du corps pour revenir ensuite aux poumons par un mouvement de circulation qui ne s'interrompt qu'à la mort. Il suit de là que la vivification du sang est localisée dans l'homme et dans les animaux que je viens de citer, qu'elle ne peut se faire que dans un organe déterminé, dans une partie du corps distincte et spéciale.

Il n'en est pas de même dans les insectes. Leur corps entier est littéralement percé de galeries où l'air circule et va trouver le sang, pour le renouveler, jusqu'à l'extrémité des organes les plus ténus, jusqu'au bout des pattes, jusqu'au bout des antennes. Ces conduits, presque invisibles, que j'ai appelés des galeries, la science les nomme des trachées. Ce sont des tubes longs et minces qui se trouvent sur presque toute la surface de l'insecte. L'air s'y introduit par des ouvertures nommées stigmates. Ces tubes sont composés de deux membranes entre lesquelles est placé un fil très élastique roulé en spirale et destiné à leur conserver leur forme cylindrique. Ainsi, l'air circule dans le corps des insectes de la même manière que le sang circule dans le nôtre, et on peut dire que les insectes respirent par toutes les parties du corps.

Voici, du reste, de quelle manière a été expliquée la respiration des insectes à une séance de l'Académie des sciences de l'année 1842 :

« Un seul appareil cumule, dans les insectes, la » respiration et la circulation. Ici, comme dans les » grands animaux, la molécule nutritive a besoin, pour » devenir propre à la fonction réparatrice, de recevoir » le baptême de l'air ; mais dans les êtres à appareil » respiratoire circonscrit, c'est le sang qui, dans ses » évolutions, vient demander le bénéfice de l'oxygène, » tandis que, dans les insectes, c'est ce principe vivifiant qui, dans ses mille canaux, va chercher, jusque dans les derniers recoins de l'organisme, les » éléments réparateurs. »

Le même auteur ajoutait : « Les exigences scienti-
» fiques de l'époque m'ont fait attacher la même im-
» portance à l'autopsie d'un moucheron qu'à celle d'un
» quadrupède ; la taille ne fait rien au sujet. Il est beau
» de rencontrer dans ces mouches que méprise ou
» dédaigne le vulgaire, un plan d'organisation qui les
» rattache si admirablement aux animaux considérés
» comme les plus parfaits, que pour la description de
» leurs appareils de la vie, on peut leur adapter la
» nomenclature anatomique consacrée depuis des
» siècles. » — (Léon Dufour. — *Compte-rendu de l'Académie des sciences de 1842*).

Il y a, dans chaque ruche, trois sortes d'abeilles : 1° la reine ou la mère ; 2° les ouvrières ; 3° les mâles ou faux-bourdons.

La reine a été appelée ainsi parce qu'elle paraît avoir sur les autres abeilles une certaine action ; elle est plus grande que les ouvrières. Elle ne sort jamais de la ruche à moins d'évènement extraordinaire, et lorsqu'elle sort, toutes les abeilles la suivent. C'est sur elle que reposent l'avenir et la prospérité de la colonie. Elle ne travaille pas ; sa principale fonction est de pondre, et ce n'est pas une sinécure ; le chiffre des œufs pondus annuellement par une seule mère varie entre cinquante et cent mille. Sa démarche est ordinairement lente. Elle est presque toujours accompagnée d'une espèce de garde composée d'une douzaine d'abeilles dans les ruches faibles et d'une trentaine dans les ruches fortes, qui paraissent la traiter avec la plus grande affection, et qui semblent vouloir lui éviter jusqu'à l'ombre d'une peine ; si l'on fait tomber quelques grains de poussière sur la reine , elles s'empressent de l'enlever ; elles lui tendent leurs trompes chargées de miel et semblent très-désireuses de la satisfaire.

Je citerai , au sujet des attentions des abeilles pour la reine, un fait dont plusieurs personnes ont été témoins, et qui est rapporté par Réaumur.

Cet illustre naturaliste avait plongé dans l'eau une ruche entière , et les abeilles qui la composaient paraissaient toutes complètement noyées. Il entreprit de les ranimer et parvint à en sauver le plus grand nombre ; voici comme il rend compte d'une partie de son expérience :

« Je retirai de l'eau une mère qui semblait morte et » qui ne donnait pas le plus léger signe de vie ; elle » avait même été estropiée , une partie d'une jambe lui » manquait. Malgré le fâcheux état dans lequel elle se » trouvait , je crus devoir tenter tout ce qui pourrait lui » rendre la vie..... Je la mis dans un bocal de verre , » et je mis avec elle sept à huit abeilles qui avaient paru » noyées et que j'avais fait revivre. J'y plaçai aussi qua- » tre autres mouches aussi mortes que la mère. J'ap- » prochai du feu le bocal. Quand il se fut un peu » échauffé , je commençai à observer la mère pour voir » si la chaleur produisait quelque effet sur elle. J'eus » beau observer, je ne pus apercevoir le plus léger » mouvement..... Mais je remarquai avec plaisir, que » dès que quatre à cinq des autres abeilles eurent pris » un peu de vigueur, elles vinrent se ranger autour de » cette mère comme si elles eussent été touchées de » son état ; comme si elles eussent voulu lui donner du

» secours ; elles ne cessaient de la lécher avec leurs » trompes. Tandis qu'elles prenaient ces soins pour la » mère, elles ne tenaient aucun compte de leurs an- » ciennes compagnes qui étaient tout auprès mortes ou » mourantes.... Au bout d'un quart-d'heure, la reine » remua un peu. A peine eût-elle donné les premiers » signes de vie qu'on entendit un bourdonnement s'éle- » ver dans ce bocal où, dans les moments précédents, il » n'y avait pas le moindre bruit... Les abeilles eurent » lieu de continuer de se réjouir, la mère reprit ses » forces peu à peu et devint en état de marcher. »

Le docteur Warder a fait sur le même sujet une expérience plus concluante.

Il prit, à dix heures du matin environ, une ruche dans laquelle un essaim venait d'être placé ; il la renversa et après quelques instants de recherche, il trouva la reine et s'en empara ; il la mit avec quelques abeilles dans une boîte qu'il emporta chez lui.

Les abeilles qu'il avait laissées, au nombre de dix-neuf à vingt mille, s'aperçurent promptement de la perte de leur reine ; au lieu de se rassembler, de se suspendre en grappe, comme elles ont coutume de le faire lorsque la reine est avec elles, elles se dispersèrent sur un assez grand espace de terrain en donnant les signes d'une vive inquiétude. Cette inquiétude se prolongea pendant toute la journée ; elle fut assez forte pour les empêcher de travailler et même de prendre aucun aliment, bien qu'elles eussent du miel à leur portée.

Vers le soir, le docteur Warder leur rendit leur reine; elles se rassemblèrent immédiatement autour d'elle et on les replaça dans la ruche.

Le lendemain matin on renouvela la même expérience ; on renversa la ruche, on prit la reine et on l'emporta. Les abeilles passèrent encore toute cette journée dans le même trouble que la veille, sans prendre de nourriture ; elles ne s'éloignèrent pas du lieu où elles avaient perdu leur mère. Cette mère leur fut rendue le soir, et, comme la veille, elles se rassemblèrent autour d'elle.

Cette expérience, répétée six jours de suite, donna, chaque fois, des résultats identiques. Mais au bout de ce temps, toutes les abeilles étaient mortes de faim.

La reine elle-même ne montra pas moins d'attachement pour ses sujets ; elle ne voulut prendre aucune nourriture tant qu'elle fut séparée d'eux ; elle mourut quelques heures après que la dernière abeille de son essaim eût expiré.

« S'il était assez démontré, dit Réaumur, que les » animaux sont doués de sentiment, nous n'hésiterions » pas à dire que la nature en a donné des plus tendres » et des plus affectueux aux abeilles ordinaires pour » les mères. »

Je dois ajouter que la reine possède une faculté singulière, celle de produire, en agitant ses ailes, un son particulier qui ressemble un peu au cri du grillon et qui semble frapper de terreur toutes les abeilles qui l'entendent. Ce pouvoir étrange est encore inexpliqué. La frayeur ou la crainte que paraissent éprouver les abeilles est d'autant plus extraordinaire que la reine n'est pas plus forte que les ouvrières, qu'elle n'est pas autrement armée et qu'elle ne peut avoir sur elles aucune action physique.

Les ouvrières ont reçu beaucoup de noms ; elles ont été appelées travailleurs, neutres, mulets, dames et amazones. Nous leur conserverons le nom d'ouvrières parce que c'est celui qui paraît leur convenir le mieux ; ce sont elles, en effet, qui exécutent tous les travaux. Virgile décrit ainsi leurs différentes occupations, et cette description, bien que datant de plus de 1800 ans, est assez exacte :

« Les unes pourvoient à la subsistance et, fidèles au » pacte conclu, parcourent les campagnes. Les autres » restant dans l'enceinte des ruches, donnent pour » base première aux rayons la gomme visqueuse en- » levée de l'écorce des arbres ; elles y suspendent » ensuite la cire.

» D'autres élèvent les jeunes nourrissons, espoir de » la nation ; d'autres fabriquent un miel pur..... Il en » est à qui le sort a remis le soin de veiller à la garde » des portes, et, chacune à leur tour, elles observent » la pluie et l'aspect du ciel ; ou bien elles débarras- » sent de leurs fardeaux leurs sœurs fatiguées qui » reviennent des champs ; ou bien, serrées les unes » contre les autres, elles repoussent loin de la cité la » troupe vile et paresseuse des frelons. »

Les mâles ou faux-bourdons sont des insectes assez lourds ; ils sont plus gros que les ouvrières ; ils ne travaillent pas ; ils dorment presque continuellement. Les abeilles qui n'aiment pas les bouches inutiles, les tuent presque tous dans le courant du mois d'août. Comme ils naissent en mai, leur existence n'a guère que trois mois de durée.

Nous allons maintenant passer à l'examen des travaux des abeilles.

Les travaux des abeilles peuvent se diviser en travaux intérieurs et travaux extérieurs.

Les travaux intérieurs sont :

Le nettoiement et l'appropriation de la ruche ;

La construction des cellules ou alvéoles ;

L'emmagasinement des provisions ;

La nourriture des petits des abeilles.

Les travaux extérieurs consistent dans la récolte de la propolis, du miel et du pollen.

On appelle propolis, de deux mots grecs qui signifient *devant la ville*, une substance résineuse, d'un rouge brun, qui se ramollit à la chaleur et se durcit au froid ; elle sert aux abeilles à donner plus de solidité à leurs ouvrages. Elles l'emploient quelquefois seule, quelquefois mélangée en diverses proportions avec la cire.

Cette substance se trouve principalement au printemps sur les bourgeons de sapins, d'aunes, de saules, de bouleaux et de peupliers. Voici de quelle manière les abeilles la récoltent.

Nous avons vu que les abeilles sont munies à la partie inférieure de la tête de deux dents placées à l'extérieur, en dehors de la bouche. Ces dents ont chacune un mouvement indépendant. Leur mouvement est horizontal et non vertical comme chez les quadrupèdes par exemple ; elles s'écartent de droite à gauche.

C'est avec ces dents, qui ont à peu près la forme

d'une cuillère coupée en travers par le milieu, que l'abeille rape la couche mince de propolis qui se trouve sur les bourgeons ; elle la rassemble en un point, la pétrit, en forme une petite boule ; puis, elle saisit cette boule avec l'extrémité de sa patte antérieure qu'elle recourbe en dessous, qui est munie de quatre crochets et qui a le même nombre d'articulations que notre main, c'est-à-dire quatre, et qui lui sert, en effet, comme de main. Elle passe cette boule à une des pattes de la seconde paire qui, à son tour, va la placer dans une petite cavité qui se trouve sur la troisième paire. Cette cavité a été appelée gouttière, palette, cuillère et corbeille. Elle est bordée d'espèces de longs crins flexibles mais assez durs pour retenir les matières qui sont placées entre eux. C'est dans cette espèce de corbeille que l'abeille transporte la propolis à sa ruche.

Comme la propolis se ramollit lorsqu'elle est exposée au soleil, les abeilles profitent, pour la récolter, des heures les plus chaudes du jour.

J'ai dit que l'usage principal de la propolis était de donner plus de solidité aux ouvrages des abeilles. Elle est employée quelquefois cependant, de manière à faire croire que ces insectes ont plus que de l'instinct.

Il arrive parfois que des limaçons s'introduisent dans des ruches probablement pour s'y mettre à l'abri. Les abeilles qui ne souffrent pas d'étrangers chez elles les tuent à coups d'aiguillon. Mais les limaçons sont des animaux assez gros proportionnellement aux abeilles, et, lorsqu'ils sont morts, celles-ci ne peuvent s'en débarrasser. Chose singulière ! La nature qui a tant fait pour elles, leur a refusé ce qu'elle a accordé à d'autres insectes, tels que les nécrophores et les fourmis, c'est-à-dire la faculté de se mettre plusieurs pour porter ou traîner un fardeau. Une seule abeille ne pouvant emporter un limaçon, le corps doit donc rester dans la ruche ; mais pour empêcher ce corps de se décomposer, elles font ce que nous ferions probablement si nous étions dans la même situation ; elles le couvrent entièrement de propolis, de sorte qu'il se trouve comme dans une boîte hermétiquement fermée, et que par suite il ne peut plus les incommoder.

La récolte du pollen se fait à peu près de la même manière que celle de la propolis. Le pollen a été appelé par les anciens « le pain des abeilles » et cette expression est vraie en ce sens que le pollen sert à la nourriture des larves des abeilles ; mais l'insecte parfait ne s'en nourrit pas ; le miel est son seul aliment.

Au centre de la plupart des fleurs s'élèvent de petits filets qui portent à leur extrémité comme de petits sacs ou capsules, gros comme des têtes d'épingle, qui contiennent une poussière légère tantôt rouge, tantôt blanche ou bleue, le plus souvent jaune.

Ces petits filets ont reçu le nom d'étamines ; la poussière qu'ils portent à leur extrémité est le pollen ; le pollen est très-visible dans les lys et dans les tulipes.

Pour le récolter, les abeilles déchirent avec leurs dents les capsules qui le renferment ; le plus souvent, d'ailleurs, cette enveloppe s'ouvre d'elle-même. Lorsque la poussière s'est répandue dans la fleur, l'abeille s'y roule de manière que cette poussière s'attache à son corselet, qui est entièrement velu. Elle rassemble ensuite cette poussière à l'aide de ses pattes qu'elle peut faire passer par dessus le corselet et qui sont munies en dessous de crins qui forment comme une espèce de brosse ; puis elle la façonne en boule et l'emporte, comme elle fait pour la propolis sur la troisième paire de pattes. Arrivée dans la ruche, elle fait tomber dans une des cellules les petites pelottes de pollen dont elle est chargée ; une autre abeille vient aussitôt et tasse ces pelottes au fond de l'alvéole en les poussant avec sa tête.

Il convient de faire ici une remarque, c'est que les abeilles, lorsqu'elles récoltent le pollen, ne visitent dans un voyage qu'une seule espèce de fleurs. Ainsi elles vont toujours d'un chèvre-feuille à un chèvre-feuille, d'un iris à un iris, ou d'une rose à une rose, et jamais d'une rose à un chèvre-feuille, ni d'un iris à une rose. La raison en est que l'abeille a pour mission, car tous les êtres, quelque petits qu'ils soient, ont une mission, d'aider à la fécondation des plantes en transportant de l'une à l'autre le pollen ou poussière fécondante, et que cette fécondation ne pourrait s'opérer si l'abeille se transportait successivement sur des plantes d'espèces différentes. En effet, le pollen d'une fleur de chèvre-feuille peut servir à la fécondation d'une autre fleur de chèvre-feuille, mais il ne saurait féconder un iris, ni une rose, ni une violette. Il fallait donc que l'abeille visitât, comme elle le fait, toutes les plantes d'une même espèce avant de passer à une autre.

La récolte du pollen a lieu principalement le matin, parce qu'alors les fleurs sont encore humides de rosée et que la poussière des étamines, lorsqu'elle est mouillée, forme une espèce de pâte qui se tasse et s'agglomère facilement.

Quant à la récolte du miel, voici comment elle se fait : l'abeille boit la liqueur sucrée qui est distillée dans les fleurs et qui se trouve quelquefois sur les feuilles mêmes de certains végétaux ; elle la conserve en la mêlant avec une faible quantité de pollen dans la partie de l'estomac, dont j'ai parlé.

Lorsqu'elle est arrivée dans la ruche, elle la dégorge dans les cellules qui lui sont destinées.

Lorsque la liqueur sucrée n'est pas à découvert ou qu'elle se trouve dans une fleur étroite, comme celle du chèvre-feuille, par exemple, où l'abeille ne peut pénétrer, celle-ci fait preuve d'un remarquable instinct : elle coupe la fleur avec ses dents juste au-dessus du petit réservoir de liqueur qu'elle veut atteindre. Les ouvertures qu'elle fait ainsi sont comme taillées à l'emporte-pièce. Il n'est pas rare d'en voir, au printemps, aux fleurs de violettes.

Dès que l'essaim est entré dans la ruche, les abeilles s'empressent de la parcourir, de l'examiner et de se préparer, suivant l'expression de Virgile, à construire à la reine son royaume de cire.

Leur premier soin est d'approprier la ruche, c'est-à-dire de la nettoyer, de transporter dehors les corps étrangers qui pourraient s'y trouver, de couper et d'arracher les brins de paille ou de bois qui font saillie et qui pourraient les blesser, déchirer leurs ailes ou gêner leurs mouvements.

Elles ont également soin de boucher avec de la cire et de la propolis tous les interstices par où pourraient passer un souffle d'air ou une goutte d'eau. Les abeilles craignent le froid ; leurs larves le craignent encore plus ; il est donc indispensable qu'elles aient une demeure bien close.

Une partie seulement des abeilles qui forment l'essaim s'occupe de nettoyer la ruche et de la clore ; l'autre reste immobile, suspendue en grappe serrée.

Cette inaction a fait dire à quelques auteurs anciens que les abeilles avaient des jours de fête pendant lesquels la moitié d'entre elles se reposait ; d'autres ont assuré que les abeilles qui récoltent le miel étaient incapables de travailler à quoi que ce fût dans l'intérieur des ruches et qu'elles étaient forcées d'attendre que les cellules fussent construites pour y apporter leurs provisions.

Ces opinions erronées venaient de ce qu'on ignorait complétement la provenance de la cire.

En 1769, M. Riem, maître en pharmacie à Lauter, dans le Palatinat, découvrit que la cire était une sécrétion de l'abeille ; qu'elle se formait à la surface interne de l'abdomen et transsudait sous les anneaux où il est, en effet, facile de la découvrir ; elle a alors l'aspect d'une petite écaille de poisson de forme irrégulière. Telle qu'elle est secrétée entre les anneaux elle n'est pas en état d'être employée ; elle serait trop cassante. Elle a besoin pour être rendue malléable d'être pétrie par l'abeille et mélangée avec un suc particulier.

La sécrétion de la cire ne peut s'opérer que si l'abeille est dans un repos absolu ; telle est la seule raison qui force à rester immobile une partie de l'essaim et qui l'a fait, bien à tort, accuser de paresse.

Lorsque la secrétion de la cire est terminée, la construction des cellules commence.

On appelle cellules ou alvéoles de petits tubes minces, généralement à six côtés, disposés horizontalement et qui servent à la fois de berceaux pour les petits des abeilles et de magasins pour les provisions de miel et de pollen. Le premier rang des cellules, celui qui est fixé au plafond de la ruche, n'a que cinq côtés, ainsi que les cellules placées le long des parois ; les autres en ont six.

Les cellules sont disposées de manière à ce que leurs fonds se joignent, comme par exemple deux bouteilles couchées dont les fonds se toucheraient.

Le fond des cellules n'est pas plat ; il est composé de trois pièces ayant chacune la forme d'un losange, dont le plus grand angle a 109 degrés, et le plus petit 70. Comme il est difficile de se rendre compte de la forme de ces cellules sans en avoir sous les yeux, j'en ai fabriqué quelques-unes que je vous soumets. Elles sont disposées de telle manière qu'une cellule a toujours ses trois losanges du fond commun avec les trois cellules du côté opposé.

Cette forme, qui paraît bizarre, a la propriété remarquable de satisfaire à ce problème compliqué : en employant le moins de matière possible, construire des vases qui, dans un espace donné, présentent la plus grande contenance possible.

En d'autres termes, avec la même quantité de cire ou de toute autre matière, il serait impossible, avec des vases de forme différente, d'enfermer une aussi grande quantité de miel dans le même espace.

Ce problème a été soumis à l'Académie des sciences à la fin du XVIIIe siècle, et il a été démontré par M.

Kœnig, membre de cette assemblée, l'un des plus illustres mathématiciens de son temps, qu'en adoptant la forme pyramidale, les abeilles économisaient une quantité de cire égale à celle qui serait nécessaire pour construire un fond plat.

Lorsque le premier rang des cellules est terminé, les abeilles construisent le second, puis le troisième, et ainsi de suite, en descendant, jusqu'au bas de la ruche.

Toutes les cellules qui se tiennent forment une espèce de tranche qui a reçu le nom de gâteau ou de rayon.

Les rayons sont construits parallèlement entre eux à une distance invariable de 9 millimètres, espace nécessaire pour le passage de deux abeilles.

Une ruche contient de 40 à 50 mille cellules.

Ainsi que je l'ai dit tout à l'heure, les unes servent à contenir les provisions de miel et de pollen, les autres contiennent le *couvain.*

Tout le monde sait que le papillon, avant d'être papillon, a été à l'état de ver ou de chenille ; que cette chenille est sortie d'un œuf ; qu'elle est passée de l'état de chenille à l'état de chrysalide, et qu'après être restée sous cette forme un temps plus ou moins long, suivant les espèces, elle est enfin sortie de son enveloppe à l'état de papillon.

Il y a donc, dans l'existence de ces insectes, quatre phases bien distinctes : ils sont d'abord à l'état d'œuf, puis à l'état de ver ou de chenille, puis à l'état de chrysalide, puis à l'état de papillon ou d'*insecte parfait.* On appelle *insectes parfaits* ceux qui n'ont plus de transformation à subir.

Les abeilles subissent des transformations analogues à celles que je viens de rappeler : Elles sont d'abord à l'état d'œuf; le ver qui sort de cet œuf ne s'appelle plus chenille, il se nomme *larve ;* puis, lorsque la larve entre dans la période de repos qui précède sa transformation dernière, elle prend, au lieu du nom de chrysalide, celui de nymphe.

On donne le nom de *couvain* à l'insecte qui se trouve dans l'un des trois états primitifs, œuf, larve ou nymphe.

Le couvain est toujours placé au centre de la ruche, c'est-à-dire dans la partie la mieux abritée.

A mesure que les cellules se construisent, la mère ou la reine ou la reine-mère dépose dans chacune d'elles un œuf.

Cet œuf éclot au bout de trois jours ; il en sort un petit ver blanc presque imperceptible.

Les abeilles qui sont attentives à surveiller l'éclosion lui apportent aussitôt une espèce de bouillie blanche assez fade qu'elles dégorgent devant lui : cette bouillie est composée de pollen et de très-peu de miel, car elle ne paraît pas sucrée.

Les vers ne manquent jamais de nourriture ; les abeilles qui paraissent avoir les plus grands soins pour eux, leur en apportent plusieurs fois par jour.

Au bout de six jours, le ver a pris tout son accroissement. L'abeille le sait ; non-seulement elle ne lui apporte plus de nourriture, mais encore elle l'enferme dans sa cellule à l'aide d'un petit couvercle de cire bombé qu'elle fabrique et qu'elle applique exactement sur les bords.

Le ver accepte sa prison avec résignation et pour la rendre plus douce il se fabrique comme un petit hamac en tapissant sa cellule d'une couche de soie extrêmement fine ; il met un jour et demi à faire ce travail.

Il reste trois jours en repos, puis il se transforme en nymphe ; il a alors l'apparence d'une abeille entièrement blanche enveloppée dans un voile blanc d'une transparence et d'une finesse extrêmes ; on distingue, au travers, les yeux, les antennes et les pattes couchées le long du corps.

Au bout de sept jours, l'abeille est complètement formée ; elle se débarrasse du voile qui l'enveloppait ; elle brise le couvercle de sa prison, et, s'il fait beau temps, elle se rend presque immédiatement hors de la ruche pour se sécher et se raffermir au soleil.

En été, dès le second jour après leur sortie de la cellule, les abeilles commencent à aller chercher et à rapporter des provisions de miel et de pollen.

L'histoire grecque nous apprend que les Spartiates tuaient les enfants qui naissaient mal conformés. Ils avaient pris cette coutume des abeilles qui mettent à mort toutes les larves et toutes les nymphes auxquelles il arrive quelque accident, ainsi que les jeunes abeilles mutilées ou mal conformées.

Elles ne souffrent parmi elles aucun être inutile ; c'est une des conditions de leur prospérité.

Les peuples qui possèdent des richesses, de quelque nature qu'elles soient, doivent être armés pour les défendre. L'histoire du monde nous apprend, en effet, que toujours les plus forts ont maltraité et pillé les plus faibles. Toutes les richesses de l'Asie, toutes celles de l'Europe furent transportées à Rome, de telle sorte que dans les derniers temps de la République et sous les premiers empereurs, les simples particuliers de cette ville avaient les richesses des rois. Sans remonter si haut dans l'histoire, nous voyons, au XVIe siècle, les Espagnols massacrer des millions d'hommes, de femmes et d'enfants presque nus et désarmés pour s'emparer des mines d'or qu'ils possédaient.

Sous ce rapport, l'histoire des insectes est la même que celle des hommes. Les abeilles ont de grandes provisions de miel, objet d'envie pour de nombreux insectes et notamment pour les guêpes et les frelons qui n'en fabriquent pas mais qui l'aiment beaucoup. Ils viennent en chercher jusque dans l'intérieur des ruches. Mais toutes les abeilles sont armées ; c'est un peuple de soldats chez lequel le système de l'exonération est inconnu ; elles sont toutes pleines de courage et se précipitent au devant du danger ; elles montrent, suivant l'expression de Virgile, « une grande âme dans un fai- » ble corps. » (*Ingentes animos angusto in pectore versant*).

Aussi les pillards sont-ils toujours repoussés avec perte.

Les abeilles sont sans cesse sur leurs gardes; un certain nombre d'entre elles veille jour et nuit à l'entrée de la ruche. Si l'on veut s'assurer que cette garde est incessante, qu'on s'approche avec précaution d'une ruche, à quelque heure que ce soit de la nuit, on apercevra toujours une ou deux abeilles en observation. Si l'on touche légèrement ces abeilles, elles rentrent aussitôt pour aller chercher du renfort et ressortent au nombre de vingt à trente ; si l'on excite encore ces dernières, on ne tardera pas à avoir affaire à toute la ruche.

C'est aux abeilles que Beaumarchais a emprunté cette maxime : « J'aime mieux craindre sans raison que » d'être pris sans précaution. »

Nous avons vu qu'il y a dans la ruche trois espèces d'abeilles de différentes grosseurs ; il faut donc qu'il y ait aussi trois espèces de cellules.

Les cellules des mâles ont la même forme que celles des ouvrières ; elles sont seulement un peu plus grandes ; mais les cellules destinées aux abeilles qui doivent devenir des mères sont bien différentes : elles ont la forme d'un œuf allongé ; au lieu d'être placées horizontalement, elles sont verticales ; elles se trouvent tantôt attachées aux bas des rayons, tantôt aux côtés ou au centre même de ces rayons. Autant la cire est épargnée dans la construction des cellules ordinaires, autant elle semble prodiguée dans la construction des cellules royales. Une seule de celles-ci contient autant de cire que cent ou cent cinquante cellules d'ouvrières. Quelques auteurs ont pensé que cette prodigalité était une marque de plus du respect et de l'affection des ouvrières pour leur mère. Mais les mobiles qui font agir les hommes ne sont pas toujours ceux qui font agir les insectes. Si les cellules des reines sont plus grandes que les autres, c'est parce que les larves qui y sont enfermées ne doivent pas être gênées dans leur développement. Il faut que pour devenir des mères fécondes, leurs organes puissent croître en toute liberté. Si ces cellules sont plus épaisses, c'est qu'il est parfois nécessaire que les jeunes reines y restent prisonnières pendant plusieurs jours, et qu'il serait impossible aux ouvrières de les y maintenir si les parois n'en étaient pas solides et résistantes.

La nourriture des larves destinées à devenir des mères diffère de celles des ouvrières en ce qu'elle est beaucoup plus sucrée : elle a un léger goût de miel. Cette bouillie n'est pas mesurée avec une certaine parcimonie, comme pour les ouvrières, elle est servie à profusion et même avec excès. Les organes producteurs des œufs qui s'atrophient dans la cellule étroite des ouvrières et sous un régime insuffisant, se développent complètement dans la vaste alvéole des reines à l'aide d'une nourriture copieuse et stimulante, et au lieu d'une abeille neutre c'est une mère féconde qui naîtra.

Les larves de reines mieux nourries croissent plus vite ; elles acquièrent leur forme parfaite seize jours après la ponte, tandis qu'il faut vingt-un jours aux ouvrières et vingt-quatre aux faux-bourdons.

C'est ici que se place l'un des faits les plus étonnants de l'histoire des insectes.

Il résulte de ce que j'ai exposé qu'il n'y a dans chaque ruche qu'une seule mère féconde, et que, par conséquent, si elle venait à périr, la population de la ruche n'étant plus renouvelée au fur et à mesure de ses pertes, la colonie ne tarderait pas à disparaître.

Mais, par une admirable prévoyance de la nature, ce malheur peut être évité, car les abeilles savent parfaitement quelle est la puissance de la nourriture sur les larves ; elles savent se faire une reine lorsque le salut de la ruche l'exige.

C'est en 1775 que cette faculté remarquable des abeilles a été découverte par Schirach, pasteur protestant au Petit-Bautzen.

Voici de quelle manière il rend compte des expériences qu'il a faites à ce sujet :

« Pour parvenir à arracher à ces mouches leur secret,
» je me procurai une douzaine de petites caisses de
» bois. Je coupai dans une ruche une partie d'un rayon
» de 4 pouces en carré, et qui contenait des œufs et des
» vers. Je plaçai ce très-petit gâteau dans une de mes
» caisses, de manière que les abeilles pussent le couvrir
» de toutes parts. Je renfermai ensuite, dans la caisse,
» une poignée d'abeilles ouvrières ; j'en usai de même
» à l'égard des onze autres caisses.

» Je tins mes caisses fermées pendant deux jours ; je
» savais déjà que ce petit peuple appelé à élire une nou-
» velle reine devait être renfermé. Le troisième jour,
» j'ouvris six de mes caisses et je vis que les abeilles
» avaient commencé à construire, dans toutes ces cais-
» ses, des cellules royales, et que chacune de ces cel-
» lules renfermait un ver âgé de quatre jours, qu'elles
» n'avaient pu choisir que parmi les vers appelés à se
» transformer en abeilles ouvrières. Quelques-unes des
» caisses avaient deux et jusqu'à trois cellules royales.

» Le quatrième jour, j'ouvris les autres caisses et j'y
» comptai de même plusieurs cellules royales....

» Peu de jours après, je tirai des douze caisses les
» gâteaux que j'y avais renfermés ; je leur substituai
» d'autres gâteaux pareils aux premiers et je fermai ces
» caisses. Deux jours après je voulus voir si les abeilles
» se seraient servies d'œufs plutôt que de vers pour se

» donner une reine ; mais j'observai qu'elles avaient » encore choisi des vers de trois jours. Je pris le parti » de leur laisser continuer leur opération, et j'eus, au » bout de dix-sept jours, dans mes douze caisses, » quinze reines vivantes et belles. »

Ainsi, les ouvrières sont des reines qui n'ont pu se développer. Cette découverte est importante en ce sens qu'elle nous donne le moyen de nous procurer des reines à volonté, et par conséquent de faire des essaims lorsque nous le jugeons nécessaire.

Les reines d'abeilles ne pondent pas également pendant toute l'année ; la ponte, qui est active en été, se ralentit en automne, cesse l'hiver et ne recommence qu'au printemps.

Dans cette dernière saison, la reine pond jusqu'à mille œufs par jour. Cette fécondité, si prodigieuse qu'elle soit, n'égale pas celle de la femelle des termites, qui peut pondre jusqu'à 70 œufs par minute, c'est-à-dire qu'elle peut augmenter sa famille de 50 mille individus dans 24 heures.

Comme il ne s'écoule que 21 jours environ entre la ponte et le moment où l'abeille est complétement formée, au bout de deux mois la colonie peut se trouver augmentée de 20 à 30 mille habitants. La ruche devient trop étroite pour contenir une population si nombreuse. Les magasins de provisions, dont l'étendue est limitée par la ruche même, seraient, d'ailleurs, insuffisants pour l'hiver.

Il faut donc qu'un nombre considérable d'abeilles, vingt mille environ, se décide à abandonner, pour n'y plus revenir, la ruche où elles sont nées, les provisions qu'elles ont amassées avec tant de peine, les compagnes avec lesquelles elles vivent dans une si parfaite union ; il faut qu'elles aillent habiter un lieu peut-être éloigné, inconnu pour la plupart d'entre elles, une demeure vide et froide, et, comme nous dirions, un foyer désert. Aussi la séparation ne se fait-elle pas sans trouble. Plusieurs jours avant le départ, on peut remarquer dans la ruche une grande confusion ; les travaux paraissent suspendus ; les abeilles s'agitent, semblent inquiètes; elles sortent de la ruche et y rentrent précipitamment sans but apparent; il est évident que quelque chose d'anormal va se produire.

Lorsque l'heure du départ est arrivée, les abeilles courent sur les rayons comme pour s'exciter, puis elles sortent, se groupent abondamment à l'entrée de la ruche, puis elles s'élèvent en tournoyant dans les airs et vont se fixer ordinairement à un endroit peu éloigné ; là, elles se mettent en grappe serrée comme pour se compter ; puis, après quelques instants de repos, et lorsque la reine est venue les rejoindre, elles reprennent leur vol et se dirigent en ligne droite vers le lieu où elles vont établir leur nouveau domicile.

Comment se fait la séparation? Comment les abeilles qui doivent partir et celles qui doivent rester sont-elles désignées? Ces insectes peuvent-ils se compter et pourraient-ils pousser cette faculté jusqu'à se rendre compte, jusqu'à se faire, pour ainsi dire, une idée du chiffre énorme de 20 mille? Car chaque essaim contient de 17 à 20 mille abeilles. S'ils ne savent pas compter, de quelle manière s'aperçoivent-ils qu'ils ont atteint le chiffre voulu pour qu'un essaim ait des chances de prospérité ?

Il ne paraît guère possible de répondre à ces questions d'une manière satisfaisante. Des auteurs ont assuré que la reine à laquelle ils avaient déjà donné la mission d'ordonner et de surveiller tous les travaux, désignait encore chacune des abeilles qui devaient l'accompagner. Mais, suivant l'expression de Réaumur, « une tête de » mouche qui suffirait à tant de vues différentes serait » une forte tête et bien respectable. « On ne peut, » ajoute-t-il, s'assurer que d'un seul principe qui fait » agir les abeilles, l'amour de leur reine ou plutôt de » la nombreuse postérité qu'elle peut mettre au » jour..... Tout ce qu'on a débité de l'empire de la » mère, des lois qu'elle fait exécuter n'a pu qu'être » imaginé. Faudrait-il des lois dans un état dont cha- » que membre se porterait, autant qu'il serait en lui, » à contribuer au bien public, où personne n'aurait » en vue son bien particulier qu'autant qu'il se rap- » porterait au bien général?.... Mais il ne faut pas » espérer que nous voyons jamais un tel état dans » le genre humain ; il ne subsistera jamais que parmi » les abeilles ou parmi d'autres insectes méprisés par » le commun des hommes. »

Revenons un instant à la ruche qu'un essaim vient de quitter.

Lorsque la reine s'est aperçue que les éclosions se succédant avec rapidité, la population va devenir trop nombreuse, et que, par conséquent, un essaim devra prochainement sortir, comme c'est elle qui doit accompagner cet essaim, elle songe à se donner une remplaçante. Elle pond alors plusieurs œufs dans des cellules royales. Ainsi que nous l'avons vu, en seize jours, les reines sont arrivées à l'état parfait ; elles se disposent alors à sortir de leurs cellules, et, pour cela, elles commencent à en ronger les parois.

Mais le moment n'est pas encore venu de leur donner la liberté. Des ouvrières se cramponnent aux cellules royales, les épaississent, les renforcent avec de la cire et s'opposent à la sortie des reines. Elles ne laissent à leur prison qu'une étroite ouverture par laquelle elles leur font passer du miel.

Ces reines restent prisonnières tant que l'essaim n'est pas parti, mais dès que la reine ancienne a quitté la ruche, il leur est permis de sortir.

Elles sortent à la hâte et leur premier mouvement est de se chercher pour se combattre, car deux reines ne peuvent exister à la fois dans la même ruche ; il faut que l'une tue l'autre.

Dès qu'elles s'aperçoivent, elles se précipitent l'une sur l'autre ; il est rare que le premier choc ait un résultat définitif ; bientôt elles se séparent pour s'attaquer de nouveau. La plus forte ou la plus adroite saisit les ailes de l'autre entre ses dents, la maintient sous elle et la frappe de son aiguillon. Le venin qu'elle darde est si violent que la reine blessée expire presque immédiatement.

Les ouvrières, qui ont assisté au combat sans y prendre part, emportent hors de la ruche le corps de la reine vaincue, et le calme se rétablit à moins qu'il n'y ait encore d'autres reines écloses ; dans ce cas, les combats se succèdent jusqu'à ce qu'il ne reste plus qu'une seule-mère.

Il est à remarquer que deux abeilles qui se battent ne peuvent se blesser toutes deux à la fois ; elles sont conformées de manière à ce que celle qui frappe est nécessairement à l'abri des atteintes de l'autre.

Sans cela, une ruche aurait été exposée à perdre ses deux reines à la fois, et, par conséquent, à périr.

Lorsqu'il existe encore dans quelques cellules des jeunes reines n'étant pas encore arrivées à leur dernier degré de transformation, la nouvelle reine perce ces cellules et tue les larves ou les nymphes qu'elles contiennent.

Telles sont, dans leur ensemble et sommairement, les mœurs des abeilles, animaux industrieux dont la culture me paraît trop négligée. J'aurais désiré faire connaître quelques-unes des applications de la théorie à la pratique, mais l'heure avancée ne me le permet pas. Je me bornerai à une simple observation.

Les communes du département de l'Aveyron sont très étendues ; elles pourraient facilement nourrir chacune 40 ruches au moins de plus que le chiffre qu'elles possèdent actuellement. Chaque ruche donne un revenu de 10 fr. par an, environ, ce qui produirait 400 fr. par commune. En multipliant ce chiffre de 400 fr. par 285, nombre des communes du département, on obtient la somme de 114,000 fr., c'est-à-dire que dans dix ans la richesse publique pourrait être augmentée dans l'Aveyron de plus de 1 million de revenus entré dans les petites bourses. Je crois que ce résultat mérite qu'on y réfléchisse. Je sais que beaucoup de personnes négligent la culture des abeilles, parce qu'elle rapporte trop peu, mais je leur répondrai par le chiffre que je viens de citer et par ces paroles de Franklin : « De même » que ce sont les petits ruisseaux qui forment les » grands fleuves, ce sont les gros sous qui forment » les millions, et lorsqu'on néglige les gros sous on » perd des millions. »

RODEZ. — N. RATERY, IMPRIMEUR.

www.ingramcontent.com/pod-product-compliance
Lightning Source LLC
LaVergne TN
LVHW021637170726
843501LV00007B/2263
9782329656250